IMMUNBIOLOGIE - DISPOSITIONS= UND KONSTITUTIONSFORSCHUNG - TUBERKULOSE

VON

Dr. HERMANN v. HAYEK
INNSBRUCK

Springer-Verlag Berlin Heidelberg GmbH
1921

ISBN 978-3-662-23487-7   ISBN 978-3-662-25557-5 (eBook)
DOI 10.1007/978-3-662-25557-5

Alle Rechte, insbesondere das der Übersetzung in fremde Sprachen, vorbehalten.

Copyright 1921 by Springer-Verlag Berlin Heidelberg
Ursprünglich erschienen bei Julius Springer in Berlin 1921.

Vorwort.

Vor mir liegt der VI. Band der Zeitschrift für angewandte Anatomie und Konstitutionslehre.

Meinertz bezeichnet mich darin als neuesten Wortführer einer neuen Forschungsrichtung, deren Schlußfolgerungen ins Uferlose zu führen drohen. J. Bauer erhebt den Vorwurf gegen mich, daß ich den Begriff der individuellen Disposition zur Tuberkulose einfach aus dem Wortschatz zu eliminieren versuche. Deusch meint, daß meine Auffassung zu einseitig ist.

So scheint es gut, daß ich das Wort zur weiteren Klärung ergreife. Denn die Klärung ist nötig, und sie ist auf dem Wege.

Immunitätsbiologie und Konstitutions- bzw. Dispositionsforschung sind keine Gegensätze, sondern einander ergänzende Forschungsgebiete. Darin stimme ich mit J. Bauer überein. Daß sie für den heutigen Stand unserer Seuchenbekämpfung — namentlich unserer Tuberkulosebekämpfung — gleich wichtige Forschungsgebiete sind, kann ich nicht anerkennen.

Innsbruck, im Dezember 1920.

Der Verfasser.

Grundsätzliches.

Biologie ist Wissenschaft des Lebens. Immunbiologie Wissenschaft des Abwehrkampfes, den der Körper gegen die Wirkung eingedrungener Krankheitserreger führt.

Immunbiologische Vorgänge sind das Wesen einer Infektionskrankheit. Körperliche Zustandsveränderungen, die eine Infektionskrankheit mit sich bringt, sind Folgeerscheinungen, nicht Wesen.

Infektionskrankheiten entstehen durch Wechselwirkung zweier Lebewesen — Angriff und Abwehr. Der Krankheitserreger erschöpft nicht den Begriff der Krankheitsursache. Er ist aber für das Zustandekommen dieser Wechselwirkung ebenso nötig wie der befallene Menschen- und Tierkörper.

Das Erfassen und Erforschen immunbiologischer Vorgänge bei Infektionskrankheiten ist daher schon an sich nie etwas Einseitiges. Stets etwas Vollinhaltliches, das beide in Wechselwirkung stehende Lebewesen in Rechnung zieht. Die immunbiologische Forschung führt nie ins Uferlose, denn sie ist durch das Eindringen von Krankheitserregern oder Erregerstoffen in den Körper scharf begrenzt.

Erst die gesonderte Beschäftigung mit jenen Momenten, welche die Angriffskraft des Erregers und die Abwehrleistung des Körpers bestimmen, kann zur Einseitigkeit führen. Und dies war ganz besonders in der Entwicklung der Tuberkuloseforschung der Fall.

Die Reihe dieser bestimmenden Momente ist verhältnismäßig klein beim einfachen Zelleib der Krankheitserreger. Sie ist schier unendlich groß beim vielgestaltigen Riesenbau der Zellverbände des Menschenkörpers. Seine vielseitigen, gesonderten und doch ineinandergreifenden Lebensäußerungen geben endlose Möglichkeiten individueller Schwankungen.

Die einzelnen Zellen werden hier zu einer unfaßbaren, praktisch unverwertbaren Einheit. Und doch baut sich aus den Leistungen der einzelnen Zellen die gegebene, individuell schwankende Abwehrtüchtigkeit des ganzen Körpers auf.

Es ist unmöglich, aus diesen tatsächlich vorhandenen, aber für uns unfaßbaren Einheiten, Stück für Stück und Nummer für Nummer diese individuell schwankende Abwehrleistung in allen Einzelheiten zu erkennen. Wir können sie nur in großen Umrissen zu erfassen suchen. Wir können nur für gewisse häufig wiederkehrende Erscheinungsformen Sammelbegriffe schaffen.

Diese sind notwendige Hilfsmittel zur Verständigung. Sie bringen aber selten Klarheit, weil sie immer wieder veränderten Inhalt in veränderter Fassung erhalten. So täuschen sie oft nicht bestehende Gesetzmäßigkeiten vor und können bestehende Gesetzmäßigkeiten nicht erschöpfend wiedergeben.

Und doch ist diese individuell schwankende, in allen Einzelheiten unfaßbare Abwehrleistung von grundlegender Wichtigkeit. Denn vom Kräfteverhältnis zwischen der Angriffskraft des Erregers und der Abwehrleistung des Körpers hängt in jedem Einzelfall der Ausgang der Krankheit ab.

Wir müssen alle Einzelheiten weiter erforschen, um unsere Erkenntnisse zu vertiefen. Sie ergeben aber immer wieder nur unüberblickbare Reihen von Teilbildern. Die Abwehrleistung als Ganzes kann daraus nie klar erkenntlich werden. Sie ist zu vielartig, und die Bedeutung der verschiedenen Momente ist im Einzelfall zu schwankend.

Ein anderer Weg scheint heute gangbar. Wir müssen für die tatsächlich geleistete Abwehr ein brauchbares Maß zu finden trachten, ohne nach allen Einzelheiten zu fragen, durch die die Abwehrtüchtigkeit gehemmt oder gefördert wird.

Dieses Maß muß sich auf das Wesen der zu erforschenden Lebensvorgänge gründen. Es muß sich auf die Wechselwirkung zwischen Krankheitserreger und Körper beziehen. Es kann sich nicht um ein starres, auch nur scheinbar absolutes Maß handeln, wie beim Maß von Raum und Zeit. Es kann sich nur darum handeln, im nimmer ruhenden Wechselspiel immunbiologischen Geschehens Kräfteverhältnisse zu erfassen und deren Veränderungen zu verfolgen.

Das Erfassen dieser Kräfteverhältnisse und ihre Beeinflussung zugunsten des befallenen Körpers ist Aufgabe der Immunbiologie. Diese Aufgabe steht heute noch weit von ihrer restlosen Lösung. Sie ist aber heute klar erkannt.

Immunität: Wir nennen einen Körper immun, wenn er gegen die Einwirkung des betreffenden Krankheitserregers geschützt ist.

Rassenimmunität gegen bestimmte Krankheitserreger besteht für das Einzelwesen von Natur aus. Gegen andere Krankheitserreger kann der Immunitätsschutz vom Einzelwesen nur durch einen Abwehrkampf erworben werden. Verschiedene Tierarten verhalten sich darin untereinander und auch dem Menschen gegenüber verschieden. Auch verschiedene Menschenrassen zeigen darin — allerdings nicht so scharfe — Unterschiede.

Natürliche und erworbene Immunität sind etwas grundsätzlich Verschiedenes. Natürliche Immunität ist Fehlen reizempfindlicher Zellen in lebenswichtigen Organen. Erworbene Immunität ist gesteigerte Abwehrleistung.

Erworbene Immunität als Schutz gesetzt ist bereits ein übertragener Begriff. Erworbene Immunität bedeutet einen biologischen Abwehrkampf. Dieser führt erst dann zu einem Schutz für den Körper, wenn er zu dessen Gunsten ausgeschlagen hat.

Natürliche Immunität ist absoluter Schutz. Ihre Erfassung gründet sich auf gesetzmäßig immer wiederkehrende Erfahrungstatsachen.

Erworbene Immunität führt nur bei wenigen Infektionskrankheiten zu einem nahezu absoluten Schutz. Hier ist sie allgemein anerkannt. Denn auch hier gelang ihre Erfassung durch einfache Erfahrung.

Bei den meisten Infektionskrankheiten ist der erworbene Immunitätsschutz nur ein bedingter. Er kann durchbrochen werden, wenn die Kraft eines neuen Angriffes die erworbene

Steigerung der Abwehrtüchtigkeit überwiegt. Je leichter dies geschieht, um so schwieriger wird die Erfassung des Immunitätsbegriffes. Es fehlt dann die geschlossene Wucht immer wiederkehrender gleichartiger Erfahrungen.

Am wechselvollsten liegen die Verhältnisse bei der Tuberkulose. Hier zeigen die biologischen Kräfteverhältnisse oft jahre- und jahrzehntelange Schwankungen ohne endgültige Entscheidung. Ihre Erfassung ist ein schwieriges Arbeitsproblem. Daher dauert es hier am längsten, bis sich die Erkenntnis von der grundlegenden Bedeutung der Immunitätsfrage in der Allgemeinheit durchsetzt.

Disposition: Die vielseitigen, gesonderten und doch ineinandergreifenden Lebensäußerungen des Menschen- und Tierkörpers bieten jeder äußeren Einwirkung gegenüber endlose Möglichkeiten individueller Schwankungen. So auch gegenüber der Wirkung von Krankheitserregern.

Wir nennen einen Körper gegenüber einer schädlichen äußeren Einwirkung disponiert, wenn er gegen die gegebenen Schädlichkeiten geringere Widerstandskraft zeigt, als es erfahrungsgemäß dem Durchschnitt entspricht. Wir sprechen von Disposition für eine Krankheit, wenn ein Körper leichter erkrankt als der Durchschnitt.

Der Begriff der Disposition schließt das schon gegebene Bestehen der betreffenden Krankheit strenge aus.

Der Dispositionsbegriff ist etwas an sich Gegebenes, Unleugbares. Er ergibt sich als logische Notwendigkeit aus den individuellen Schwankungen der vielartigen Lebensäußerungen und anatomischen Zustände des Körpers. Er ist auch durch zahlreiche Erfahrungstatsachen gestützt.

Seine praktische Verwertung und seine richtige Umgrenzung stoßen aber auf große Schwierigkeiten. Und dies namentlich bei Krankheiten, welche sich langsam entwickeln und lange Zeit ohne auffällige Erscheinungen bestehen können. Folgezustände langsam und unauffällig sich entwickelnder Krankheitsstadien — die als solche nicht gewürdigt und erkannt werden — können dann dem ärztlichen Denken als Disposition für die späteren, leicht erkennbaren Stadien der Krankheit erscheinen.

Dies ist durchaus nicht gleichgültig. Es wird dann die günstigste Zeit versäumt, um gegen die Krankheit schon frühzeitig mit Heilversuchen vorzugehen und gegen die schweren, vorgeschrittenen Stadien der Krankheit rechtzeitig vorzubeugen.

Eine solche zu weitgehende Fassung des Dispositionsbegriffes kann also zu folgenschweren Irrtümern und Versäumnissen Anlaß geben. Der gegenteilige Irrtum — die Zeichen einer bestehenden Disposition schon als Krankheitserscheinungen aufzufassen, ist weniger folgenschwer. Er kann nur zu unnötigen Heilversuchen führen. Daß wir damit ins Uferlose geraten — davor bewahrt uns sicher unsere eigene Trägheit.

Auch sonst ist eine fruchtbringende Verwertung des Dispositionsbegriffes für das ärztliche Handeln schwierig. Ein klarer, gesetzmäßiger Zusammenhang zwischen disponierenden Momenten und Krankheitsentwicklung ist nur selten gegeben. Und dort, wo ein solcher Zusammenhang erfahrungsgemäß angenommen werden kann, sind diese Momente zum Teil schon an sich unabänderlich, zum Teil durch schwer zu beseitigende Lebensgewohnheiten und Lebensbedingungen nahezu unabänderlich.

Die Vielartigkeit der disponierenden Momente, der Mangel an erschöpfender Gesetzmäßigkeit in ihren Beziehungen zur Krankheitsentwicklung macht die richtige Abgrenzung des Dispositionsbegriffes außerordentlich schwierig.

Und so wurde dieser an sich gegebene und berechtigte Begriff vielfach mißbraucht. Er wurde nur zu oft zu einem bequemen aber nichtssagenden Schlagwort, das über ungeklärte Verhältnisse der Krankheitsentwicklung hinwegtäuschen sollte.

Ähnlich steht es mit dem Begriff der Organdisposition. Auch er ist zu weit gefaßt. Bestimmte Organe und Organteile werden häufig von bestimmten Krankheiten befallen, andere nicht. Dies ist aber nicht so sehr die Folge individuell wechselnder Momente. Es ist mehr die Folge arteigener anatomischer und histologischer Verhältnisse sowie der physiologischen Organfunktionen.

Die verschiedenartigen Momente, welche eine Krankheitsdisposition schaffen, können angeboren oder während des Lebens erworben sein. Nach dem heute am meisten üblichen Sprachgebrauch bezeichnen wir diese beiden Möglichkeiten als konstitutionelle und konditionelle Disposition.

Wir werden aber sogleich sehen, daß auch diese Umgrenzung auf schwer zu lösende Widersprüche stößt, die eine klare, fest umschriebene Begriffsbildung unmöglich machen.

Konstitution: Wir finden heute bei den Konstitutionsforschern volle Einmütigkeit über die weittragende Bedeutung der Konstitution für die Krankheitsentstehung. Wir finden aber bei ihnen keine Übereinstimmung in der Abgrenzung des begrifflichen Inhalts.

Die einen erfassen die Konstitution als jeweilige, **veränderliche** Verfassung des Körpers, wie sie sich aus der Summe aller ererbten und erworbenen Eigenschaften sowie Reaktionsweisen ergibt. Die anderen erfassen die Konstitution als etwas Ursprüngliches, durch die Beschaffenheit des Keimplasmas der Eltern **unabänderlich** Gegebenes.

So wird es für die Immunbiologie doppelt schwer, den Konstitutionsbegriff praktisch zu verwerten.

Die Konstitution beeinflußt die Abwehrtüchtigkeit des Körpers. Und diese Beeinflussung ist individuell außerordentlich wechselnd. Das begreift und erkennt auch die Immunbiologie ohne weiteres. Sie wäre dankbar, wenn sie von der Konstitutionsforschung klare, gesetzmäßige Beziehungen zwischen Konstitution und Krankheitsentwicklung erhalten würde. Das würde ihre Arbeit außerordentlich erleichtern. Aber sie erhält bisher keine solchen klaren Abgrenzungen.

Mögen wir die Konstitution in diesem oder jenem Sinne erfassen — in jedem Falle drängt sich sogleich die kritische

Frage auf, welche dieser Eigenschaften mit der Erkrankung wirklich in kausalem Zusammenhang stehen und welche nicht.

Erfassen wir die Konstitution als **veränderliche** Summe **ererbter und erworbener** Eigenschaften, so ergibt sich wie bei der Disposition eine weitere bedeutungsvolle Frage. Jene Frage, die namentlich bei Krankheiten mit langsamer Entwicklung und erscheinungsarmen Anfangsstadien so schwer zu lösen ist. Haben die erworbenen Eigenschaften, deren Zusammenhang mit der Krankheit erkannt oder angenommen wird, schon **vor** der Erkrankung bestanden, oder sind sie bereits Folgeerscheinungen ungewürdigter oder unerkannter Anfangsstadien? Sind sie als disponierende Momente aufzufassen oder als Zeichen schon bestehender Krankheit?

Beide Möglichkeiten sind gegeben. Beides kann sein, und wird auch tatsächlich sein. Beide Möglichkeiten können in einem und demselben Fall gleichzeitig vorkommen. Für beide Möglichkeiten werden mit Eifer gute und minder gute Beweisgründe ins Treffen geführt.

Diese Frage in Bausch und Bogen erledigen zu wollen — ist Rechthabertum, nicht Forschungsarbeit.

Jeder einzelne Fall muß mit klinischer Methodik und biologischem Denken genau bearbeitet und erwogen werden. Die Lösungen werden in den verschiedenen Einzelfällen immer wieder verschiedene Ergebnisse bringen. Weil **beide** Möglichkeiten gegeben sind und auch tatsächlich bestehen können.

Und auch bei den angeborenen Eigenschaften ist die gleiche kritische Frage aufzuwerfen. P. Mathes betont sehr treffend, daß ein beziehungsloses Dasein des befruchteten Eies zur Umgebung nicht vorstellbar ist. Das individuelle Leben beginnt nicht erst bei der Geburt. Das ist eine rein äußerliche Scheidung. Soll der werdende Menschenkörper im durchseuchten Mutterleib für die Krankheitserreger unangreifbar sein?

Ist angeborene Syphilis krankhafte Konstitution oder Krankheit?

Erfassen wir hingegen die Konstitution als etwas Ursprüngliches, unabänderlich Gegebenes, so können wir sie wohl bei der Beurteilung immunbiologischer Kräfteverhältnisse in Rechnung ziehen — nicht aber beeinflussen. Wir können sie dann weder durch Vorbeugungsmaßregeln noch durch Heilmethoden günstiger gestalten.

So bietet die Konstitutionsforschung der Immunbiologie bis heute wenig Hilfe. Die Mitarbeit steht heute noch zu sehr im Zeichen der Eifersucht. Wir hoffen aber für die Zukunft auf diese Hilfe.

Die verdienstvollen Bemühungen der Konstitutionsforschung sollen darum nicht verkannt werden. An dem tatsächlich gegebenen Verdienst dürfen uns auch nicht die Meinungsgegensätze irre machen, auf die wir innerhalb der Konstitutionsforschung treffen. Die zu lösenden Aufgaben sind schwierig. Nahezu jede durch mühevolle Arbeit gewonnene Erfahrungstatsache läßt verschiedene Auslegungen zu.

Ein Beispiel. Die asthenische Konstitution Stillers ist vielleicht die häufigste und best umschriebene Art einer widerstandsschwachen Konstitution. Stiller nimmt enge, gesetzmäßige Beziehungen der asthenischen Konstitution zur Lungentuberkulose, Chlorose, zur orthotischen Albuminurie und zum Ulcus pepticum an. Viele haben sich ihm darin angeschlossen. Und doch sehen wir die asthenische Konstitution bald als Rasseneigentümlichkeit (Wenkebach) ohne Gefolgschaft dieser Krankheiten, bald diese Krankheiten ohne Begleitschaft der asthenischen Konstitution. Martius wendet sich gegen die Bestrebungen, die vorausgesetzte Disposition in einem allgemeinen Konstitutionstypus zu suchen. J. Bauer hingegen sucht mit Eifer die Bedeutung der asthenischen Konstitution für die Krankheitsentwicklung mit zahlenmäßigen Häufigkeitsberechnungen zu stützen. Seinen Gedankengängen lassen sich aber gleichberechtigte, entgegengesetzte Schlußfolgerungen (Wenkebach) gegenüberstellen (vgl. S. 20).

Jedenfalls fehlt die vollinhaltliche Gesetzmäßigkeit. Und bei den vier Sigaudschen Typen, die J. Bauer als Grundlage seiner Untersuchungen benützt, steht es nicht anders.

Die Schwierigkeiten, welche die Konstitutionsforschung zu überwinden hat, sind ähnlicher Natur wie bei der immunbiologischen Forschung. Sie gipfeln in der naheliegenden Gefahr, aus Teilerscheinungen zu weit gehende Schlüsse auf das Ganze zu ziehen.

So werden Gesetzmäßigkeiten künstlich geschaffen, die nicht vollinhaltlich richtig sind. Das ist das gefährlichste. Wären diese angenommenen Gesetzmäßigkeiten vollinhaltlich falsch, würde die Erkenntnis rascher und leichter kommen.

Wir wünschen der Konstitutionsforschung, daß sie diese Irrtumsquelle zuerst klar erfassen und dann vermeiden lernen möge. Auch in der Immunbiologie haben wir in dieser Richtung wesentliche Fortschritte gemacht.

Die Mahnung Czernys weist nach meiner Überzeugung den richtigen Weg. Die Konstitutionsforschung muß sich davor hüten, häufig vorkommende Kombinationen und ganz verschiedenartige Dinge zu einem Krankheitsbilde zusammenfassen zu wollen.

Bakteriologie: Durch die Großtaten R. Kochs und seiner Schüler folgte die Entdeckung und Erforschung zahlreicher Krankheitserreger Schlag auf Schlag.

Neugewonnene Forschungsergebnisse beeinflussen ärztliches Denken und Handeln stets besonders stark. Und je bedeutungsvoller sie sind, desto regere Forschungsarbeit wird durch sie ausgelöst.

Die Entdeckungen der Bakteriologie bedeuteten eine erschütternde Umwälzung für altgewohnte Anschauungen und philosophierende, inhaltsarme Begriffsbildungen. Der Einfluß der Bakteriologie auf die Anschauungen über Entwicklung und Verlauf von Infektionskrankheiten stieg so ins Ungemessene, Unkritische.

Der Krankheitserreger wurde vollinhaltliche Krankheitsursache. Seine Lebensäußerungen im befallenen Körper vollinhaltliches Wesen der Krankheit.

Der für uns heute selbstverständliche kritische Einwurf der starren Einseitigkeit wurde im Sturm der Geister eine Zeitlang einfach überrannt. Der Menschen- und Tierkörper schien längst durchforscht. Er blieb das gegebene Objekt.

Wie der künstliche Nährboden im bakteriologischen Züchtungsverfahren.

Heute haben wir diese Einseitigkeit überwunden und laufen vielfach Gefahr, wieder in die gegenteilige zu verfallen.

Die Bakteriologie ist heute auf das ihr zukommende Gebiet einer wichtigen Hilfswissenschaft verwiesen. Ihre Aufgabe ist die Erforschung der Krankheitserreger, ihrer Lebensäußerungen und Lebensbedingungen. Damit ist der nötige Zusammenhang mit der Klinik der Infektionskrankheiten von selbst gegeben.

Die Arbeitsaufgaben sind bei der Erforschung des einfachen Zelleibes naturgemäß einfacher als beim hochentwickelten Menschen- und Tierkörper. Die auch für die Bakteriologie grundsätzlich gegebenen Fragen der Disposition und Konstitution des Erregers lassen sich genügend vollinhaltlich in dem Begriff der Virulenz zusammenfassen.

Zusammenfassung: Die Beziehungen der Immunbiologie zur Dispositions- und Konstitutionsforschung liegen heute somit klar.

Ein irgendwie gearteter Gegensatz ist an sich nicht gegeben. Ein solcher wurde nur künstlich groß gezogen.

Bei der Abwehr der bakteriologischen Einseitigkeit verfiel man in den gegenteiligen Fehler. Die dispositionellen und konstitutionellen Momente des Menschenkörpers wurden fast ebenso einseitig in den Vordergrund gerückt.

Dagegen mußte die Immunbiologie Stellung nehmen, denn es handelt sich um die Wechselwirkung des befallenen Körpers und des Krankheitserregers.

Dispositions- und Konstitutionsforschung sind Hilfswissenschaften der Immunbiologie. Dies soll keine Rangbezeichnung sein, sondern Feststellung einer Tatsache.

Damit aber die erwartete Hilfe wirklich geboten werden kann, gilt es, den weiten Rahmen des Dispositions- und Konstitutionsbegriffes mit zusammenhängenden Gesetzmäßigkeiten zu füllen — nicht mit zusammenhanglosen Einzelheiten. Die Ansätze hierzu sind heute gegeben.

Je weiter diese Arbeit vorwärtsschreitet, um so verwertbarer wird der Dispositions- und Konstitutionsbegriff für die Erfassung der individuellen Schwankungen in der Abwehrtüchtigkeit des befallenen Körpers werden. Vor kurzem waren diese Begriffe noch inhaltsarme, vielfach mißbrauchte Schlagworte — sprachliche Verständigungsbegriffe für ungeklärte Verhältnisse der Krankheitsentwicklung.

Tuberkulose.

Hier ist dieser Entwicklungsgang der Forschung besonders klar in Erscheinung getreten.

Nach der Entdeckung des Tuberkelbazillus der starre bakteriologische Standpunkt. Gegen diesen als Abwehr die gegenteilige Einseitigkeit der Dispositions- und Konstitutionslehre. Die Vielartigkeit der Krankheitsentwicklung und des Krankheitsverlaufes bei der Tuberkulose soll in erster Linie von disponierenden und konstitutionellen Momenten des befallenen Körpers abhängig sein.

Es handelt sich aber um Angriff und Abwehr.

Auch ein nicht disponierter, konstitutionell starker Körper wird durch schwere oder oft wiederholte Infektionen erkranken. Auch ein disponierter, konstitutionell schwacher Körper wird leichte, auf längere Zeit verteilte Infektionen überwinden.

Krankheitsentwicklung und Krankheitsverlauf werden bestimmt durch das Kräfteverhältnis zwischen Angriff und Abwehr. Erst die Abwehrleistung des befallenen Körpers wird durch disponierende — konditionelle und konstitutionelle — Momente beeinflußt.

Das ist bei der Erstinfektion nicht anders.

Warum die immunbiologischen Kräfteverhältnisse bei der Tuberkulose so wechselvoll in Erscheinung treten, davon später.

Die Auffassung der Immunbiologie ist auch bei der Tuberkulose vollinhaltlich, die der Dispositions- und Konstitutionsforschung nur teilinhaltlich.

Tuberkulose-Immunität: Tuberkelbazillus und Menschenkörper stehen seit Jahrtausenden in Wechselbeziehung. Schon die Veden des arischen Urvolkes auf dem Pamir-Hochland berichten von einer Krankheit, in der wir die Tuberkulose erkennen müssen. 4000 Jahre vor Christus. Griechische und römische Ärzte beschreiben die Krankheit genau. Jahrhunderte vor Christus. Kein Zweifel ist möglich.

Aber nicht alle Menschenrassen wurden von der Tuberkulose heimgesucht. Manche blieben lange verschont. Manche sind es noch heute.

In dieser langen Zeit haben sich der Tuberkelbazillus und der Menschenkörper an die gegenseitigen Angriffsmittel und Abwehrwaffen angepaßt. Keiner von beiden ist wehrlos. Beide gegeneinander wohl gerüstet. So wird der Kampf hartnäckig und wechselvoll.

Unser Körper überwindet leichte und mittelstarke Angriffe der Tuberkelbazillen. Und mit jeder siegreichen Überwindung wächst die Abwehrkraft. Unser Körper kann mit der Tuberkulose nahezu ungestört jahre- und jahrzehntelang durchs Leben gehen. Er kann sich aber nicht mit voller Sicherheit gegen sie schützen. Auch der Tuberkelbazillus hat sich gegen die Abwehrkräfte des Menschenkörpers zu wehren gelernt.

So wird das Kräfteverhältnis schier endlos schwankend, die Krankheitsentwicklung und der Krankheitsverlauf so wechselvoll. Einen absoluten Immunitätsschutz gegen die Tuberkulose gibt es für den Menschenkörper nicht, nur einen bedingten. Dieser Schutz kann durch einen neuen übermächtigen Angriff von außen oder von Krankheitsherden im Körper aus immer wieder durchbrochen werden.

So ist es bei uns. Aber nicht bei allen Menschenrassen. Dort, wo wir das Eindringen der Tuberkulose bei bisher verschonten Völkern beobachten können, zeigt der Krankheitsverlauf nicht mehr diese wechselvollen Bilder. Die Tuberkulose gewinnt hier mehr die Eigenart einer reißenden Seuche. Der Menschenkörper hat sich hier nicht durch Jahrhunderte gegen die Einwirkung des Tuberkelbazillus zu schützen gelernt. Auch die Syphilis zeigte bei ihrem Eindringen nach Europa im 15. Jahrhundert die Eigenart einer reißenden Seuche. Heute nicht mehr.

So steht beim Einzelwesen auch die Erstinfektion unter immunbiologischen Gesetzen. Unter den Gesetzen der Rassenimmunität.

Wir können die Eigenart unserer Tuberkulose zusammenfassen:
langsame Entwicklung;
oft jahre- und jahrzentelang im Sinne der praktischen Heilkunde erscheinungslos;
wechselvoller Verlauf.

Diese Erkenntnis führt zum Gebot, die Wechselwirkung zwischen Tuberkelbazillus und Menschenkörper möglichst frühzeitig zu erfassen. Das ist unleugbar schwierig, für unsere Trägheit unbequem, aber die Wichtigkeit dieses Gebotes für unsere Vorbeugungs- und Heilbestrebungen ist heute klar erkannt. Seine Erfüllung ist das Arbeitsziel der Zukunft.

Die Forschung ist lange Zeit an dieser Erkenntnis scheu vorübergegangen. Sie sträubt sich vielfach auch heute noch gegen sie. Sie fürchtet die praktischen Schwierigkeiten. Diese sind unleugbar groß, aber, wie wir noch sehen werden, schon heute an sich nicht mehr unüberwindlich.

Schon die Erfassung des erkämpften, bedingten Immunitätsschutzes ist bei der Tuberkulose nicht leicht. Der wechselvolle Verlauf bietet keine leicht kenntlichen Gesetzmäßigkeiten, die sich gebieterisch aufdrängen. Und wir sind von anderen Infektionskrankheiten her zu sehr gewöhnt, die erkämpfte Immunität als einen mehr oder minder unbedingten Schutz aufzufassen.

Die Forschung aber zersplitterte sich jahrzehntelang in zusammenhanglose Einzelheiten. Von vielen dieser Einzelheiten erhoffte man die restlose Lösung. Doch stets vergeblich.

Tierversuche sind bei der Tuberkulose schon an sich nur wenig sagend. Die Rassenimmunität ist hier zu sehr verschieden von der des Menschenkörpers. Die mühevollen serologischen Versuchsreihen, die Veränderungen des Zellenbildes im Blut, physikalische Zustandsänderungen des Blutes, Veränderungen des Stoffwechsels, die Reaktionen der Haut auf Erregerstoffe — alles dies sind Teilerscheinungen. Ihre Erforschung ist nötig. Aber sie müssen von einem höheren Gesichtspunkt aus bewertet werden.

Es ist ein folgenschwerer Irrtum, in solchen Teilerscheinungen erschöpfende Gesetzmäßigkeiten des wechselvollen Tuberkuloseverlaufes zu suchen, wie dies immer wieder geschah.

Und in der Klinik ist es nicht anders. Wenig Wochen währende Ausschnitte aus dem jahrelangen Entwicklungsgang waren immer wieder „die" Tuberkulose.

So kamen die endlosen Widersprüche. Und trotz der großen geleisteten Arbeit kam statt wachsender Klarheit nur steigende Verwirrung.

Auf so schwierigen Forschungsgebieten können wir nur durch das Erfassen wesentlicher Zusammenhänge vorwärts kommen. Nicht durch die Anhäufung zusammenhangloser Einzelheiten. Heute sind wir endlich auf diesem Wege.

Weichardt lehrt uns das Erfassen von Leistungssteigerungen und Leistungshemmungen, ohne uns auf bestimmte Reaktionsarten festzulegen. [Meinertz geht fehl, wenn er immunbiologische Vorgänge chemischen Reaktionen gleichsetzt. Es können bei der immunbiologischen Wechselwirkung physikalische, chemische und biologische Energien aufeinanderprallen. Das wissen wir schon heute.] Die Allergie Pirquets weist die Immunitätsforschung auf die Grundlage aller Biologie zurück, auf das Prinzip der Reizbarkeit. Die Partigen-Gesetze (Deycke-Much) erfassen die Vielartigkeit der Wechselwirkung, wenigstens auf biochemischem Gebiet. Die Zusammenhänge der zellulären und humoralen Immunität (Much) geben uns eine wertvolle Bereicherung unserer Erkenntnisse über den Ablauf der Abwehrleistungen. Die von mir aufgestellte Reihe „negative Anergie — Allergie — positive Anergie" ist bestrebt, Klarheit in den bisher so ver-

wirrenden Wechsel des jeweiligen Reizzustandes zu bringen.
[Die Worte sind nicht glücklich. Denn ich habe sie, um die
bestehende Verwirrung nicht noch mehr zu steigern, den
bisher üblichen Verständigungsbegriffen angepaßt. Die Bezeichnung „erschöpfte Reaktionsfähigkeit — gesteigerte Fähigkeit zur Reizüberwindung" wäre sprachlich besser.]

Auf die Fragen der Überempfindlichkeitserscheinungen und auf den Begriff der Spezifität braucht an dieser Stelle nicht näher eingegangen zu werden. Sie sind heute als Teilerscheinungen gegebener Reizzustände erkannt.

Dies ist ungefähr der heutige Stand. Er mag dem Fernerstehenden noch reichlich verworren scheinen. Für den Eingeweihten steht heute die zielsichere Linie fest:

Erfassung der immunbiologischen Kräfteverhältnisse und ihrer gesetzmäßigen Veränderungen. Erforschung von Methoden, um dieses Kräfteverhältnis zugunsten des Körpers zu ändern.

Unsere heutigen Methoden sind noch recht unvollkommen. Sie bieten aber schon brauchbare Hilfsmittel. Sie werden nur sehr häufig überschätzt und mißbraucht von denjenigen, die sich allzu willig auf die Arbeit anderer verlassen. Denn die Mitteilung erfaßter Wesentlichkeiten nach starren Regeln ist hier schwierig, vielfach unmöglich. Und sie werden unterschätzt von denjenigen, für die die Tuberkulose erst bei der Zerstörung lebenswichtiger Organe beginnt.

Disposition zur Tuberkulose: Die zahllosen Möglichkeiten individueller Schwankungen in der Gegenwirkung des Körpers auf jeden äußeren Einfluß, sind natürlich auch gegenüber der Tuberkulose gegeben.

Ich habe mich nicht gegen diesen selbstverständlichen, unleugbaren Begriff der „individuellen Disposition zur Tuberkulose" gewendet. Nur gegen den Mißbrauch dieses Begriffes.

Dieser Mißbrauch ist ganz allgemein zur stehenden Gewohnheit geworden.

Wir wissen, daß sich die Tuberkulose bei uns häufig sehr langsam entwickelt; daß sie jahrelang, jahrzehntelang nahezu erscheinungslos im menschlichen Körper bestehen kann. [Wir sprechen dann von „latenter" Tuberkulose.] Wir wissen, daß tuberkulöse Frauen empfangen und die Frucht bis zur Reife austragen können. Es sind zahlreiche Fälle von schwerer tuberkulöser Erkrankung der Plazenta bekannt. Es sind Fälle bekannt, daß Säuglinge schon in den ersten Lebensmonaten an schweren Formen kavernöser Lungentuberkulose mit allen Zeichen chronischer Entwicklung zugrunde gingen. Wir wissen, daß die chronischen, durch Jahre verlaufenden Formen der Tuberkulose den heranwachsenden Körper vielartig in seiner Entwicklung hemmen und mannigfache Kennzeichen eines geschwächten Körpers schaffen können. Es sind infektionstüchtige Tuberkelbazillen in anatomisch vollkommen unveränderten Drüsen menschlicher und tierischer Leichen gefunden worden.

So wird hier die Entscheidung besonders schwierig, ob die Kennzeichen geschwächter Körperbeschaffenheit bereits Folgeerscheinungen bestehender Tuberkulose sind, oder ob sie disponierende Momente sind, auf anderer Grundlage entstanden.

Daß sie auch auf anderer Grundlage entstehen können und dann einen geschwächten nicht tuberkulösen, aber zur Tuberkulose disponierten Körper schaffen können, ist gewiß. Diese Möglichkeit ist unleugbar.

Die andere Möglichkeit ist aber ebenso unleugbar, und in vielen Fällen ist sie das Wahrscheinlichere.

Soll der Menschenkörper, der neun Monate im tuberkulosedurchseuchten Mutterleib heranwächst, wirklich tuberkulosefrei bleiben, und nur die „Disposition zur Tuberkulose" mit auf den Weg bekommen? Nach der Geburt sind wir eifrig bestrebt, den Säugling vor den gefährlichen, versprühten Tröpfchen in der Atemluft der kranken Mutter zu schützen. Soll die Gefahr im kranken Mutterleib nicht noch größer sein? Da wir heute doch mit Sicherheit wissen, wie sich die Tuberkelbazillen auf dem Blut- und Lymphwege im Körper verbreiten können. Die Plazenta als schützender Filter gegen alle Krankheitsstoffe ist ein frommer Wunsch aber keine erwiesene Tatsache. Sicher ist die erkrankte, und vor allem die tuberkulös erkrankte Plazenta kein solcher Schutzfilter gegen die Tuberkelbazillen.

Ist die schwere kavernöse Lungentuberkulose des Säuglings Krankheit oder „tuberkulöse Disposition"?

Bei den nahezu erscheinungslosen Frühstadien der sehr chronisch verlaufenden Tuberkulose ist diese Frage ungleich schwieriger zu entscheiden. Sie ist aber in jedem Falle unbedingt gegeben.

An diesen Tatsachen kann nur die Einseitigkeit blinder Anhängerschaft an die Dispositionslehre vorübergehen.

Die Immunbiologie leugnet nicht die Möglichkeit angeborener Disposition zur Tuberkulose. Sie weist nur auf die Schwierigkeiten hin, eine solche im Einzelfall sicher zu stellen. Sie wendet sich scharf gegen das unwissenschaftliche Rechthabertum mancher Dispositionsanhänger, sie in jedem solchen Falle anzunehmen.

Die Immunbiologie zieht folgerichtige Schlüsse aus unseren Kenntnissen über das langsame, erscheinungslose Entstehen tuberkulöser Erkrankungen: die erkennbaren, schwereren und schweren Formen der Kindheitstuberkulose — eine Folge überwiegender Kraft des Tuberkuloseangriffs; die nicht unmittelbar sinnfällig erkennbaren Anfangsstadien, deren Wirkung sich in späteren Jahren als gehemmte Entwicklung und geschwächte Körpereigenart zeigt — eine Folge schwächerer Angriffe oder besserer Abwehrleistung.

Die Immunbiologie behauptet nicht, daß dies in allen Fällen so ist. [Es kann sich ja auch um andere Krankheitszustände handeln, die mit der Tuberkulose gar nichts zu tun haben.] Aber sie trifft bei der Häufigkeit des tuberkulös erkrankten Mutterleibes in vielen Fällen zweifellos das Richtige. Die bedeutend geringere Möglichkeit der Übertragung durch den erkrankten Vater bei der Zeugung braucht dabei gar nicht berücksichtigt zu werden.

Diese Auffassung ist nicht uferlos. Sie sucht im Gegenteil eine scharfe Begrenzung durch den Beginn der Wechselwirkung zwischen Menschenkörper und Tuberkelbazillus. Wir besitzen ja bereits Methoden, um eine solche bestehende Wechselwirkung mit genügender Sicherheit festzustellen.

Der Dispositionsbegriff ist viel uferloser. Er fordert die Begrenzung und Beantwortung zweier neuer Fragen. Durch welche Ursachen sind die disponierenden Momente entstanden? Wie groß ist ihre Bedeutung im Einzelfall für die Entwicklung einer tuberkulösen Erkrankung?

Noch böser wird der Mißbrauch des Dispositionsbegriffes bei den späteren Stadien der Tuberkulose in den höheren Altersstufen.

Durch welche Ursachen werden jene Kennzeichen schwächlicher, für den Lebenskampf minderwertiger Körperbeschaffenheit geschaffen, die als „tuberkulöse Disposition" ein ebenso eifrig gebrauchtes als verwirrendes Schlagwort wurden? Gewiß durch mannigfache. Beinahe jede langdauernde Schädlichkeit kann eine solche Körperbeschaffenheit zur Folge haben.

In Tausenden und Millionen von Menschen bestehen seit frühester Kindheit mehr oder minder gut von den Abwehrkräften des Körpers eingedämmte — mehr oder minder gut verheilte — tuberkulöse Krankheitsherde. Soll da die Tuberkulose als Ursache ausgeschlossen sein? [Ich finde es durchaus nicht verständnislos sondern sehr verdienstvoll, daß C. Kraemer auf alle diese Verhältnisse so nachdrücklich hingewiesen hat.]

Aber auch dabei ist der mißbrauchte Dispositionsbegriff nicht stehen geblieben. „Tuberkulös disponiert" ist das Kind, bei dem wir auf den ersten Blick tuberkulöse Drüsen feststellen können. „Tuberkulös disponiert" bleibt der Nachkomme einer schwer tuberkulösen Mutter, solange er nicht an schweren Formen der Tuberkulose erkrankt.

So der übliche Sprachgebrauch, der das Denken der Allgemeinheit heute beherrscht.

Die notwendig sich ergebenden Folgen dieser Denkweise sind schwerwiegend. Sie verhindern den Arzt, die Krankheit Tuberkulose in den noch leicht heilbaren Anfangsstadien zu erkennen — oder doch anzuerkennen.

Und weiter. Zadeks, meine und andere Untersuchungen während des Krieges haben unabhängig voneinander, und doch in voller Übereinstimmung folgendes gezeigt. Der Verlauf der Tuberkulose war bei denjenigen Kriegsteilnehmern, deren Körperbeschaffenheit jene Merkmale zeigte, die heute noch ganz allgemein als Zeichen einer „Disposition zur Tuberkulose" aufgefaßt werden, viel weniger häufig bösartig, als bei jenen, denen diese Merkmale fehlten. Die unweigerliche logische Schlußfolgerung wäre, daß die Disposition zur Tuberkulose eine erhöhte Widerstandskraft gegen die schweren Formen der Tuberkulose bedeutet. Ein wahrhaftiger Höhepunkt der Verwirrung.

Die klare Lösung gibt die immunbiologische Auffassung. Die vermeintlichen Dispositionszeichen haben nichts mit Disposition zu tun. Sie sind Folgeerscheinungen bereits bestehender Tuberkulose. — Dann klärt sich die Verwirrung mit einem Schlage. — Die bewußten Merkmale sind Folgeerscheinungen eines langwierigen Abwehrkampfes gegen die Tuberkulose. Ihre Träger waren nur leicht krank, so daß sie im Sinne des praktischen Lebens gar nicht als krank zu bezeichnen waren. Das heißt: der Körper hat sich lange Zeit erfolgreich gegen den Tuberkuloseangriff gewehrt. Er hat damit eine gesteigerte Abwehrtüchtigkeit erworben. Deshalb wird in diesen Fällen die tuberkulöse Erkrankung weniger häufig bösartig.

Und nun zur konstitutionellen Disposition, zur ursprünglich und unabänderlich gegebenen. — Ich habe aus meinen Erfahrungen und Überlegungen nicht, wie Deusch meint, den Schluß gezogen, daß die Lehre von der konstitutionellen Disposition zur Tuberkulose falsch ist. Ich habe mich auch hier nur gegen den Mangel an klarer Abgrenzbarkeit dieses Begriffes gewendet.

Auch hier bestehen in jedem einzelnen Fall die gleichen schwer zu lösenden Fragen. Ist die geschwächte, geringer widerstandsfähige Konstitution unabänderliches Erbgut aus den Keimzellen der Eltern? Oder ist sie die Folge einer Erkrankung des werdenden Menschenkörpers?

Auch hier sind beide Möglichkeiten unleugbar gegeben. Sie können im Einzelfall gleichzeitig gegeben sein. Ihre gegenseitige Abgrenzung ist oft unmöglich. Diese Abgrenzung eindeutig und scharf zu geben, wird wohl nie gelingen. Auch die Ergebnisse der Häufigkeitsberechnungen bringen daher keine Klarheit. Sie können nicht eindeutig sein.

Auch hier das Beispiel der häufigsten, best umschriebenen widerstandsschwachen Konstitutionsart, der asthenischen Konstitution Stillers.

Wenkebach fand bei den Friesen die asthenische Konstitution sehr häufig vertreten. Hier gibt es fast keine tuberkulöse Erkrankung ohne asthenische Konstitution. Wohl aber ungezählt oft asthenische Konstitution ohne tuberkulöse Erkrankung. Bei den gedrungenen Elsässern gibt es fast keine asthenische Konstitution. Wohl aber viel Tuberkulose ohne asthenische Konstitution. J. Bauer schließt daraus, daß die asthenische Konstitution keine spezifische Folgeerscheinung tuberkulöser Erkrankungen sein kann. Das ist richtig. Ebenso berechtigt ist aber daraus der Schluß, daß die asthenische Konstitution auch als disponierendes Moment zur Tuberkulose von keiner großen Bedeutung sein kann. Sonst müßte die Tuberkulosehäufigkeit bei den Elsässern viel geringer sein als bei den Friesen. Dies ist aber nicht der Fall.

Kulz berichtet neuerdings über das starke Fortschreiten der Tuberkulose bei den Eingeborenen von Neu-Mecklenburg und Neu-Guinea. Nirgends zeigt sich dabei das Vorhandensein asthenischer Konstitution. Zwischen dem Tuberkuloseverlauf bei Kindern und Erwachsenen besteht aber kein wesentlicher Unterschied.

Nach den Aufzeichnungen der Krankenkassen zeigen, wie J. Bauer anführt, Zweidrittel aller, die an Tuberkulose sterben, asthenische Konstitution und zwar jahrelang vor ihrer tödlichen Erkrankung. Ist dies ein eindeutiger Beweis? Was spricht dagegen, daß diese asthenische Konstitution zum mehr oder minder großen Teil Folgeerscheinung von klinisch erscheinungslosen Anfangsstadien der Tuberkulose ist? Nur Voreingenommenheit.

Auch **Brugsch** stellt fest, daß Zweidrittel aller Tuberkulösen engbrüstige Körperbeschaffenheit vor der klinischen Erkrankung an Tuberkulose zeigen. Aber eben nur vor der klinischen Erkrankung.

Jeder Menschenkörper muß an irgendeiner Todesursache sterben. Ist es merkwürdig, daß ein Körper, der sich jahre- und jahrzehntelang gegen die Tuberkelbazillen zu wehren hatte, in vielen Fällen endlich doch der Tuberkulose erliegt?

Diese Beispiele mögen genügen.

Die Immunbiologie wendet sich nicht gegen die unleugbar gegebene Möglichkeit individueller Disposition zur Tuberkulose und widerstandsschwacher Konstitution gegenüber der Tuberkulose. Sie wendet sich nur gegen den Mißbrauch unberechtigter Verallgemeinerungen.

Sie tut dies nicht aus Rechthabertum und Freude am Wortstreit, sondern deshalb, weil es sachlich wichtig ist.

Die widerstandsschwache Konstitution ist etwas unabänderlich Gegebenes. Wenn ihre Bedeutung für die Entwicklung tuberkulöser Erkrankungen verallgemeinert wird, führt sie uns mitten in unserem schweren Kampf gegen die Tuberkulose zur Hoffnungslosigkeit. Den Folgeerscheinungen bisher nicht beachteter Anfangsstadien der Tuberkulose können wir aber durch rechtzeitige Vorbeugung und Heilbehandlung entgegenwirken.

Die Bekämpfung der Tuberkulose: Die Bekämpfung der Tuberkulose gründet sich wie bei jeder anderen Krankheit auf Vorbeugungsmaßregeln und Heilversuche.

Die besonderen Schwierigkeiten der Tuberkulosebekämpfung ergeben sich aus folgenden Ursachen. Die leicht heilbaren Anfangsstadien sind heute noch zu wenig scharf erkannt und zu wenig ernst gewürdigt. Die heute allgemein üblichen Methoden erkennen die Tuberkulose als Krankheit meist erst dann, wenn die Gewebe lebenswichtiger Organe schon mehr oder minder stark geschädigt sind. Dann handelt es sich aber bereits um eine meist schwer heilbare, manchmal schon unheilbare Erkrankung. Je schwerer diese Schädigungen sind, um so längere Zeit benötigt die Heilung, bei schweren Gewebszerstörungen Jahre. Aber auch ein ungünstiger Verlauf endet nur selten rasch, denn unser Körper verfügt über mehr oder minder starke Abwehrkräfte. Dazu die große Verbreitung der Tuberkulose. Dazu die feststehende Tatsache, daß schlechte Lebensverhältnisse die Entwicklung tuberkulöser Erkrankungen begünstigen. So wird die Tuberkulose besonders häufig zu einer Krankheit der Armen. Ihre Heilung kostet Zeit und Geld. Dazu die Tatsache, daß Schwerkranke — zum Teil auch Leichtkranke — eine Infektionsquelle für ihre Umgebung bilden.

So wächst die Bedeutung der Tuberkulose über das Einzelschicksal hinaus und wird zu einer Schicksalsfrage für die Allgemeinheit.

Eifrig ertönt allseits lauter Aufruf zur Abwehr. Wir kennen aber keine allgemein durchführbaren Vorbeugungsmaßregeln, welche eine tuberkulöse Erkrankung mit Sicherheit verhüten könnten. Und wir besitzen keine Heilmethoden, welche tuberkulöse Erkrankungen rasch und sicher heilen würden. Wir werden nach meiner Überzeugung niemals solche besitzen, denn wir können die Wechselwirkung zwischen Menschenkörper und Tuberkelbazillen nicht einfacher gestalten, als sie ist.

Wir kennen verschiedenartige Vorbeugungsmaßregeln von bedingtem Wert. Ungezählte Heilmethoden wurden vorgeschlagen. Alle wurden mit Eifer vertreten und viele als sichere Lösung verfochten — viele aber wieder von anderer Seite als wertlos abgelehnt. Beides ist falsch. Fast alle Methoden haben bedingten Wert. Keine hilft aber in allen Fällen und unter allen Umständen. Starre Vorschriften sind ein Unding. Die biologischen Verhältnisse sind bei der Tuberkulose zu wechselvoll.

Dies ist heute nach langer Arbeit klar erkannt. Wir müssen weiter arbeiten und weiter forschen, um den Wechsel der biologischen Verhältnisse im Einzelfall besser erfassen zu lernen.

Vorbeugungsmaßregeln: Wir können gegen eine Infektionskrankheit vorbeugen, indem wir den Erreger fernhalten oder indem wir den Körper gegen die Wirkung des Erregers schützen. Beides ist bei der Tuberkulose nicht in annähernd vollkommener Weise möglich.

Ansteckungstüchtige Tuberkulöse bewegen sich unerkannt in der Allgemeinheit, in den Wohnungen und auf der Straße, in Arbeits- und Vergnügungsgemeinschaft. Und auch wenn die Ansteckungsgefahr bekannt ist, kann ihr in der Wirklichkeit des Lebens nur selten genügend vorgebeugt werden. Die Angriffskraft der Tuberkelbazillen ist abhängig von ihrer Virulenz, von der Massigkeit und Häufigkeit der Infektionen, von andersartigen Begleitinfektionen. Alle diese bestimmenden Momente können wir nicht nach unserem Willen ändern.

Wir sind heute darüber zu klarer Erkenntnis gelangt und haben uns zunächst ein begrenztes Arbeitsziel gesteckt. Wir schwanken nicht mehr zwischen übertriebener Bazillenfurcht und stumpfer Gleichgültigkeit. Wir haben einen brauchbar begrenzten Mittelweg gefunden. Wir trachten, die Quellen der gefährlichsten, massigen und oft wiederholten Infektionen für ihre Umgebung durch verschiedene Maßnahmen möglichst unschädlich zu machen. Diese gefährlichsten Infektionsquellen kennen wir heute. Es sind die Schwerkranken mit stark bazillenhaltigem Auswurf. Hier können wir auch eine starke Virulenz der Bazillen annehmen. — Alle weitergehenden Maßnahmen, die vielfach vorgeschlagen wurden, sind heute in größerem Maßstabe undurchführbar. Wir müssen zufrieden sein, wenn wir diesem nächstliegenden Ziele in absehbarer Zeit einigermaßen nahe kommen. Übertriebenheiten und unerreichbare Forderungen schaden nur der Sache.

Auch alle Vorschläge zur besseren Verhütung der Kindheitsinfektion über dieses Maß hinaus sind unerfüllbar. Sie zielen auch nach einer falschen Richtung. Es gilt nicht, das Zusammentreffen des menschlichen Körpers mit den Tuberkelbazillen zeitlich hinauszuschieben. Es gilt vielmehr, die durch Massigkeit und Häufigkeit übermächtigen Infektionen zu verhindern.

Den menschlichen Körper im voraus gegen die Wirkung der Infektion mit Tuberkelbazillen zu schützen, ist ebenfalls nur bedingt möglich. Es ergibt sich dies schon logisch aus der Unerreichbarkeit eines unbedingten Immunitätsschutzes gegenüber der Tuberkulose.

Außerdem bestehen noch andere Schwierigkeiten. Ein Körper, der mit einem Krankheitserreger noch nicht in Berührung getreten ist, besitzt nach uneren heutigen Kenntnissen nicht die Fähigkeit abgestimmte (spezifische) Schutzstoffe gegen diesen Erreger zu bilden. Diese Fähigkeit wird erst durch das Eindringen von Erregern oder Erregerstoffen in den Körper geweckt.

Es fragt sich aber, ob durch eine derartige Schutzimpfung genügend rasch ein genügend starker und anhaltender Immunitätsschutz erzielt werden kann.

Bei der Blatternimpfung gelingt dies bekanntlich. Die Erfahrungen der Rinderschutzimpfung gegen Tuberkulose haben gelehrt, daß die Entwicklung des Immunitätsschutzes hier sehr lange dauert, und daß er nur kurz anhält. Die Verhältnisse beim Menschen liegen in dieser Richtung noch ganz im Unklaren.

Die Schutzimpfung gegen Tuberkulose vor erfolgter Infektion ist aber für den Menschen schon aus anderen Gründen ungangbar. Die Infektion erfolgt in den meisten Fällen zu früh. In vielen Fällen sicher schon bald nach der Geburt. In manchen Fällen wahrscheinlich schon vor der Geburt im tuberkulösen Mutterleib.

Diese Verhältnisse weisen uns auf einen anderen Weg. Auf den Schutz des Körpers vor Erkrankung nach erfolgter Infektion. Wie dies grundsätzlich möglich ist, darüber gibt uns die biologische Forschung eine klare allgemeine Richtlinie: jede Maßnahme, welche eine Leistungssteigerung für die Körperzellen, eine Leistungshemmung für die eingedrungenen Tuberkelbazillen herbeiführt, bietet Aussicht auf einen bedingten Erfolg.

Ein Mittel, welches die Tuberkelbazillen im menschlichen Körper rasch vernichten würde, besitzen wir nicht. Und wenn wir auch ein solches besitzen würden, so wäre seine Anwendung, wie wir noch sehen werden, keineswegs ohne weiteres ratsam (vgl. S. 34).

Nur ein Weg ist gangbar. Die Angriffskraft der Tuberkelbazillen muß durch möglichst stark gesteigerte Abwehrtüchtigkeit der Körperzellen zunächst eingeschränkt, dann allmählich gebrochen werden.

Wie kann die Abwehrleistung des Körpers gesteigert werden?

Die konstitutionell disponierenden Momente können wir nicht beseitigen, denn sie sind im Einzelfall unabänderlich gegeben. (Die Konstitution als etwas ursprünglich Gegebenes aufgefaßt.)

Die konditionell disponierenden Momente sind grundsätzlich veränderlich. Grundsätzlich ist daher auch eine Besserung dieser Verhältnisse möglich. Jedoch nicht leicht und nicht allzu häufig in der Wirklichkeit des Lebens. Wir haben nicht die Mittel, um bei Armen die Schädlichkeiten schlechter Lebensverhältnisse dauernd zu beseitigen. Von uns Deutschen ist heute der größte Teil arm geworden, sehr arm. Verhütung der Armut und ihrer bösen geistigen und körperlichen Folgen ist ein Stück menschlicher Kulturarbeit. Wir sind von diesem Ziele heute weiter entfernt denn je. Wir Ärzte können nur sehr wenig dazu beitragen, um diesem Ziele näher zu kommen. Dieses Ziel wird sich wohl kaum jemals erreichen lassen, solange Menschen unter Menschen leben, und Menschen gegen Menschen kämpfen. Wehe denen, die sich darin täuschen lassen!

Aber selbst wenn wir diesem Ziele näher kommen würden, selbst wenn es erreichbar wäre, so wäre damit noch nicht die Tuberkulosefrage gelöst. Hoher Wohlstand einer Bevölkerung dämmt die Tuberkulose ein, aber sie bleibt trotzdem eine gefährliche Volksseuche. Das steht heute sicher.

Wir können in zahlreichen Fällen schwere tuberkulöse Erkrankungen auch an Menschen feststellen, die stets unter guten Lebensbedingungen gestanden sind. Wer viele arme Tuberkulöse ärztlich zu versorgen hat, der erkennt, daß der

Krankheitsverlauf bei den Armen vielfach nicht ungünstiger, nur zu oft günstiger ist, als bei den Reichen unter guten Lebensbedingungen. Besonders unter den bei uns für die Armen so elenden Lebensverhältnissen der letzten Jahre war das auffallend. Es war doch nicht jenes Massensterben, das hätte kommen müssen, wenn die äußeren Lebensbedingungen wirklich immer ausschlaggebend wären. Es ist sehr wahrscheinlich, daß wir diese äußeren Lebensverhältnisse — natürlich jenseits eines gewissen Mindestmaßes — allzu sehr überschätzen.

Die äußeren Lebensbedingungen beeinflussen gewiß die allgemeine Lebenstüchtigkeit des Körpers. Aber die Abwehrtüchtigkeit des Körpers gegen die Wirkung der Tuberkelbazillen ist nur ein Teil dieser allgemeinen Lebenstüchtigkeit. Und beide sind durchaus nicht immer gleichlaufend. Wir sehen Menschen, deren ganze Körperbeschaffenheit nur eine geringe allgemeine Lebenstüchtigkeit verrät, mit leichten Formen der Tuberkulose jahre- und jahrzehntelang durchs Leben gehen, ohne daß es zu einer schweren Erkrankung kommt. Und wir sehen vollkräftige, junge bis dahin vollkommen gesunde Menschen an schweren Formen der Tuberkulose rasch dahinsiechen. Das ist bei anderen Infektionskrankheiten ähnlich. Besonders auffallend war dies bei den letzten großen Seuchenzügen der Grippe.

Es handelt sich also um eine Abwehrleistung, die sich ganz besonders gegen den Tuberkelbazillus richtet. Wir haben diese besonders abgestimmte Abwehrleistung bis heute erst in gewissen Teilerscheinungen erfassen gelernt. Ihr Wesen können wir aber nicht restlos erklären, werden es vielleicht nie restlos erklären können.

Wir können diese abgestimmte Abwehrleistung mit Petruschky am besten als spezifische Durchseuchungsresistenz bezeichnen.

Alle älteren und neueren Versuche, diesen Begriff der Abgestimmtheit (Spezifität) als nicht gegeben abzulehnen, beruhen auf einem Irrtum. Auf dem Irrtum, aus ähnlichen Erscheinungsformen verschiedenartiger Reizzustände auf eine wesensgleiche Ursache zu schließen. Dabei werden die großen Unterschiede in der Reizempfindlichkeit vernachlässigt. Die Reizempfindlichkeit gegen abgestimmte Reize ist so groß, wie sie gegenüber nicht abgestimmten Reizen niemals erreicht wird. Der Unterschied kann das Millionenfache betragen. Dies ist für das Verständnis des Wesens abgestimmter Reize und ihrer erfolgreichen Anwendung in der Heilkunde von grundlegender Wichtigkeit*).

Nachdem wir die konstitutionell disponierenden Momente überhaupt nicht, die konditionell disponierenden Momente nur verhältnismäßig selten günstig ändern können, und nachdem sich die abgestimmte Abwehrtüchtigkeit des Körpers gegen bestimmte Krankheitserreger nicht immer mit der allgemeinen Lebenstüchtigkeit des Körpers deckt, ergibt sich ein neuer Weg. Wir müssen trachten, die spezifische Durchseuchungsresistenz des Körpers gegen die eingedrungenen Tuberkelbazillen zu erhöhen.

Dieser Weg ist heute von einer Minderzahl betreten, von der Mehrzahl wird er noch abgelehnt. Auch hier bezeichnet man die allgemeine Durchführbarkeit solcher Bestrebungen als unmöglich. Das ist grundsätzlich unrichtig. Auch die allgemeine Blatternimpfung ist ermöglicht worden und ist heute bewährte Selbstverständlichkeit. Nur haltlose Vorstellungen über den Begriff „Gift" führen hier noch zur Impfgegnerschaft.

Die Durchführung für eine allgemeine Tuberkuloseschutzimpfung nach erfolgter Infektion wäre an sich nicht weniger möglich und nicht schwieriger als die Blatternimpfung vor erfolgter Infektion. Die besonderen Schwierigkeiten bei der Tuberkulose sind anderer Natur. Eine nötige Vorbedingung ist zwar auch hier bereits gegeben. Wir können heute das Vorhandensein einer tuberkulösen Infektion besonders am kindlichen Körper mit hinreichender Sicherheit nach einiger Zeit feststellen. Wir besitzen aber bis heute keine Methode, die mit voller Sicherheit die spezifische Durchseuchungs-

---

*) Vgl. W. klin. Wochenschrift. 1920, 36, „Zur Proteinkörpertherapie".

resistenz des Körpers gegen die eingedrungenen Tuberkelbazillen so erhöhen würde, daß die große Arbeit der Allgemeinheit zugemutet werden könnte. Mehrere Vorschläge sind gemacht (Petruschky, Friedmann u. a.). Um die Brauchbarkeit dieser Methoden tobt heute heftiger Streit. Die sachliche Beurteilung ist hier besonders schwierig. Es handelt sich um lange Zeiträume und Vergleiche mit großen Fehlerquellen. Ein brauchbares Urteil kann aber in absehbarer Zeit gewonnen werden. Dies hängt sehr von der Sachlichkeit unserer Arbeit ab. Die Bedingungen für die allgemeine, vorschriftsmäßige Anwendung dieser Methoden sind heute noch nicht gegeben. Aber weitere fleißige Versuche in kleinem und großem Maßstab sind vollauf berechtigt.

Wir müssen also weiter arbeiten und weiter forschen. Wir benötigen dabei die Umsicht, die schwierige Beurteilung möglichst fehlerfrei zu gestalten. Die Vorsicht, nicht nur das zu sehen, was wir wünschen. Und die Einsicht, daß das Beschreiten dieses Weges der Mühe wert ist, daß er aber bei der Tuberkulose nicht zu ausnahmslosen Gelingen führen wird. Weil hier ein unbedingter Immunitätsschutz für den menschlichen Körper nicht erreichbar erscheint.

Heilmethoden: Heilmethoden sind nur dann erfolgreich, wenn sie sich den wesentlichen Eigentümlichkeiten der zu bekämpfenden Krankheit anpassen.

Wir haben gegen diesen Grundsatz bei der Tuberkulose im allgemeinen bisher schwer gefehlt.

Eine der wesentlichsten Eigentümlichkeiten tuberkulöser Erkrankungen ist ihre lange Dauer. Bei schweren ausgedehnten Gewebsveränderungen erfordert die Heilung Jahre. Und dieser Heilungsvorgang ist fast stets von mehr oder minder schweren Rückschlägen unterbrochen.

Die heute in der Allgemeinheit am meisten üblichen Behandlungsmethoden berücksichtigen dies in keiner Weise.

Wir trachten, die Kranken unter möglichst gute Lebensbedingungen zu bringen und sie möglichst zu schonen. Wir wollen dadurch ihre Kräfte sparen und ihre Lebenstüchtigkeit wieder heben. Wir gehen dabei von der Erwägung aus, daß durch die Erhaltung und Erhöhung der allgemeinen Lebenstüchtigkeit auch die spezifische Durchseuchungsresistenz gegen die Tuberkelbazillen gestärkt wird.

Bisher mag alles grundsätzlich als richtig anzuerkennen sein.

Aber die gegebenen Verhältnisse des Lebens, denen wir uns beugen müssen, haben uns dabei vielfach in eine falsche Richtung abgedrängt. Es fehlen uns die Mittel, auch nur einem größeren Bruchteil der Kranken für genügend lange Zeit, solche gute Lebensbedingungen und so weitgehende Schonung zu verschaffen. Wir haben daher ganz willkürlich die Zeit verkürzt und dafür die Schonung bis zur Peinlichkeit und Kleinlichkeit gesteigert. Dies ist das durchschnittliche Bild unserer bisherigen Heilstättenbehandlung.

Es wäre aber durchaus falsch, diesen Notbehelf vollständig zu verwerfen. Es ist nur notwendig, seinen zu starren Regeln erhobenen Auswüchsen entgegenzutreten. Dieser Notbehelf kann sehr Gutes und Wichtiges leisten. Er kann ein gefährliches Krankheitsstadium überwinden helfen. Er kann so ein wichtiges Hilfsmittel für die spätere, endgültige Heilung sein. Dazu ist aber eine sorgfältige und sachgemäße Auswahl der Kranken nötig. Diese ist durchaus nicht leicht. Sie erfordert in den meisten Fällen eine länger dauernde Beobachtung. Gerade in dieser Richtung sind unsere heutigen Methoden noch sehr unzweckmäß'g. Die auswählenden Ärzte sind nur selten diejenigen, welche den Kranken lange kennen und beobachtet haben, sondern häufig solche, die den Kranken zum erstenmal sehen. Dann ist das Aufnahmsverfahren häufig viel zu schleppend. Viele Kranke müssen auf ihre Aufnahme solange warten, bis die Heilstättenbehandlung im günstigen oder ungünstigen Sinne für sie nicht mehr nötig ist. Alles dies tut schweren Eintrag. Dann sträuben sich viele Heilstätten, Kranke in solchen kritischen Stadien aufzunehmen. Warum, das wissen wir. Das ist verwerfliche Eitelkeit und Selbstsucht.

So wird es für eine große Mehrzahl Tuberkulosekranker, die einer Heilstättenbehandlung dringend bedürfen, nicht möglich, einer solchen teilhaftig zu werden. Dagegen finden wir auch heute noch eine große Zahl Tuberkulöser in den Heilstätten gehegt und gepflegt, die einer Heilstätte gar nicht bedürfen; für die es schon lange wichtig wäre, wieder Schritt für Schritt eine Ertüchtigung der körperlichen Leistungsfähigkeit anzustreben. Das geht auch außerhalb der Heilstätte, vielfach sogar besser. So wird für viele Kranke der Anstaltsaufenthalt keine Wohltat sondern eine bedenkliche Verwöhnung. Die unvermeidliche Rückkehr in den anstrengenden Beruf, in die nie ruhenden Sorgen eines ärmlichen Haushaltes bringen eine schwere seelische und körperliche Belastung. Diese wird um so gefährlicher, je übertriebener und unzeitgemäßer die Schonung war.

Und auch außerhalb der Heilstätten finden wir heute noch sehr häufig ähnliche Fehler. Auch unbemittelte Kranke, die zurzeit in gar keinem bedenklichen Krankheitsstadium stehen, werden unter schweren Geldopfern für die ganze Familie auf kurze Zeit zur Schonung in ein besseres Klima verschickt. Dort soll ihnen die gute Luft Heilung bringen. Oft überwiegt aber schon der Schaden bei der Rückkehr ins schlechtere Klima den vielleicht anfänglich erzielten Nutzen. Einst war es eine ganze Völkerwanderung Tuberkulöser, und ist es zum Teil noch heute. Die Folge war und ist die schwere Durchseuchung schöner Landgebiete.

Der immunbiologische Standpunkt gibt uns heute auch in dieser Richtung einen klaren Grundsatz. Der chronisch Tuberkulöse hat die besten Aussichten auf Dauerheilung unter denjenigen Lebensbedingungen, unter denen er dauernd zu leben gezwungen ist.

Wir müssen trachten, mit den im Einzelfall wirklich zu Gebote stehenden Mitteln dem tuberkulösen Körper eine dauernd zunehmende Erhöhung seiner Abwehrtüchtigkeit zu geben. Er muß dabei lernen, unvermeidliche Schädlichkeiten zu überwinden und sich ihnen anzupassen, wenn er gesunden soll. Schritt für Schritt bis zur Dauerheilung.

Wie können wir diese Erhöhung der Abwehrtüchtigkeit unterstützen?

Nach den gleichen Grundsätzen wie bei der Verhütung tuberkulöser Erkrankungen. Die konstitutionellen Momente können wir nicht ändern; die konditionellen nur selten und meist nur für kurze Zeit. So müssen wir auch hier trachten, die abgestimmte Abwehrtüchtigkeit des Körpers — seine spezifische Durchseuchungsresistenz zu erhöhen.

Auch hier sind unsere Methoden noch nicht vollkommen; in vielen Punkten bestehen noch scharfe Meinungsgegensätze. Aber die große Richtlinie ist heute klar erkannt und in erfolgversprechender Entwicklung. Es gilt, den kranken Körper in den für die jeweiligen Krankheitsverhältnisse günstigsten Reizzustand zu versetzen.

Bald müssen wir mit schwachen und schwächsten Reizen die Reizempfindlichkeit erwecken oder erhöhen. Bald können wir mit starken Reizen die bereits erstarkte Abwehrtüchtigkeit weiter steigern, ohne eine Überlastung befürchten zu müssen. Bald werden wir jeden Reiz auf das sorgfältigste vermeiden müssen. Alle starren Regeln sind dabei ein Unding.

Eine langdauernde Beobachtung der Kranken ist nötig. Um eine solche zu ermöglichen, müssen wir Wesentliches erfassen und Unwesentliches ausschalten lernen. Sonst zersplittern wir unsere Arbeit in ziellose Einzelheiten. Nur so können wir in die wechselvollen Verhältnisse des langwierigen Abwehrkampfes zugunsten des kranken Körpers zu richtiger Zeit mit richtigen Mitteln eingreifen. Nur so können wir im Einzelfall ungünstige Reizzustände überwinden und die Anwendung nützlicher Reizarten und Reizstärken beherrschen lernen.

Wir nennen dies immunbiologische Behandlung.

Auch hier wird oft behauptet, daß eine solche langdauernde, ärztliche Beobachtung und Behandlung undurchführbar ist. Dies ist aber nicht so. Ich habe nach diesen Richtlinien — bisher nur von zwei nicht ärztlichen Hilfskräften unterstützt — an meiner Fürsorgestelle ständig mehrere Hunderte Tuberkulöser in dauernder Beobachtung und viele in jahrelanger Behandlung. Die Ergebnisse sind gut und der Mühe wert. Sie werden am empfindlichsten beeinträchtigt durch die allzu geringen Hilfsmittel und unzureichenden Arbeitskräfte, sowie durch bestehende unzweckmäßige Vorschriften.

Bei der immunbiologischen Behandlung können wir uns der verschiedenartigsten Energieformen bedienen. Wir können den gewollten Reiz durch mechanische, physikalische, chemische und biologische Hilfsmittel auf den kranken Körper und im besonderen auf die Krankheitsherde einwirken lassen.

Je besser wir die Gesetzmäßigkeiten dieser Reizwirkung kennen, um so besser sind die Heilerfolge.

Diese Gesetzmäßigkeiten sind bei keinem der angewandten Hilfsmittel einfach und leicht faßlich. Ihre Erfassung fordert gute Beobachtung und lange Übung. Daher der verwirrende Gegensatz in den Werturteilen über die einzelnen Methoden. Daher die wechselnde Bevorzugung verschiedener Reizarten, deren Gesetzmäßigkeiten der einzelne erfassen lernte. Denn ein Lehren und Lernen nach starren Regeln gibt es hier nicht mehr. Die Fülle der wechselnden Möglichkeiten ist zu groß.

Unter allen den verschiedenen Reizarten nehmen die abgestimmten Reize — die spezifischen Antigene, wie wir sie nennen — wieder eine gesonderte Stellung ein. Gesondert nicht durch die Erscheinungen der Reizwirkung. Diese können bei den verschiedensten Reizarten außerordentlich ähnlich sein. Gesondert vielmehr wieder durch die hohe Reizempfindlichkeit des kranken Körpers. Wo ein Vergleich der Reizstärke möglich ist, sehen wir, daß die Empfindlichkeit für abgestimmte Reize ein Vielfaches gegenüber der Empfindlichkeit für unabgestimmte Reize beträgt. Es kann sich um das Millionenfache handeln.

Diese Reizempfindlichkeit zeigt eine gesetzmäßige Änderung in verschiedenen Krankheitsstadien — allerdings nur in weiten Grenzen. Mit zunehmender Dauerheilung wird sie aber immer geringer.

Gewisse Teilerscheinungen — besonders die Empfindlichkeit der Haut gegen abgestimmte Reize — nehmen hingegen auch bei Schwerkranken immer mehr ab. Eine solche dauernde Abnahme bedeutet dann den drohenden Zusammenbruch der Abwehrleistung. Wir haben also zwischen einer günstigen und ungünstigen Abnahme der Reizempfindlichkeit zu unterscheiden (positive und negative Anergie).

So besitzen wir heute in der Empfindlichkeit des tuberkulösen Körpers gegen abgestimmte Reize eine Erfassungsmöglichkeit für das Kräfteverhältnis zwischen Angriff und Abwehr.

Die verschiedenen angewendeten Maßmethoden sind heute noch sehr unvollkommen. Auch hier handelt es sich um wechselvoll sich verknüpfende Teilerscheinungen. Über manche derselben herrscht noch scharfer Meinungsgegensatz — je nachdem sich der einzelne auf diese oder jene Teilerscheinungen zu sehr festlegt. Aber die Erfassungsmöglichkeit ist gegeben. Wir besitzen heute die Grundlage einer zielsicheren Tuberkulosebehandlung.

Das Wesen der verschiedenen Reizarten — auch abgestimmte Reize können untereinander durchaus verschiedenartig sein — wird uns in den Einzelheiten vielleicht immer unbekannt sein. Grüblerisches Erraten und inhaltsarme Begriffsbildungen können uns da nicht vorwärts bringen.

Für die Anwendung in der Heilkunde ist das Erfassen der Gesetzmäßigkeiten wichtig, die uns zeigen, unter welchen Umständen die verschiedenen Reizarten und Reizstärken zu einer Erhöhung der Abwehrleistung führen, und unter welchen Umständen die Gefahr einer Leistungshemmung gegeben ist*).

Besonders bei der Verwendung abgestimmter Reize ist dies schwierig, weil hier die Reizempfindlichkeit sehr hoch ist. Nützliche und schädliche Reizstärken sind hier nur durch eine schmale Zone anscheinend wirkungsloser getrennt. Nutzen und Schaden liegen hier oft hart nebeneinander.

Es ist daher bei hochempfindlichen Kranken häufig besser und leichter, nicht abgestimmte Reize zu verwenden. Hier

---

*) Ich habe an anderer Stelle versucht, diese Gesetzmäßigkeiten, soweit sie mir erfaßbar waren, zusammenzustellen. (Das Tuberkuloseproblem. J. Springer, Berlin 1920.)

ist die Zone zwischen nützlichen und schädlichen Reizstärken viel breiter. Aus dem gleichen Grunde ist es auch für den Ungeübten empfehlenswert, sich auf unabgestimmte Reize zu beschränken, wenn die biologischen Verhältnisse nicht ganz klar liegen. Solche unabgestimmte Reize lassen sich durch einfache Hilfsmittel hervorrufen und leichter in ihrer Wirkungsstärke abgrenzen: Wechsel von Ruhe und Bewegung. Aber auch bei ihrer Anwendung ist biologisches Denken nötig. Auch hier führen starre Regeln zum Mißbrauch — Liegekur.

Die Anwendung abgestimmter Reize ist nach dem Gesagten am schwierigsten — aber auch am meisten erfolgversprechend. Sie bieten den besten Einblick in das immunbiologische Kräfteverhältnis. Die Reizstärke läßt sich hier am genauesten abgrenzen. Die Abwehrleistung des Körpers am besten Schritt für Schritt steigern.

Auch physikalische Reize, welche die Lebenstätigkeit der Zellen stark und verschiedenartig beeinflussen, erfordern besonders genaue Kenntnis der Gesetzmäßigkeiten, nach denen die Einwirkung abläuft. Auch hier ist für die erfolgreiche Anwendung größere Übung und Erfahrung nötig — Röntgenstrahlen.

Alles dies ist lange nicht erkannt worden. Man hat auch die abgestimmten Reize lange Zeit nach starren Regeln anwenden wollen. Nur zu oft kam daher anstatt des erhofften Nutzens ein unerwarteter Schaden. Deshalb auch der besonders große Gegensatz in den Werturteilen über spezifische Behandlungsmethoden, der sich bis zu hoffnungsloser Verwirrung steigerte. Dieser Entwicklungsgang liegt heute klar vor uns. Nur zu oft finden wir uns aber auch heute noch mitten in dieser Verwirrung.

Eine Zeitlang wurde versucht, chemische Stoffe zu finden, welche die Tuberkelbazillen im menschlichen Körper rasch abtöten sollten. Solche Stoffe wurden nicht gefunden. Sie wären auch für eine Heilbehandlung kaum brauchbar. Der Kranke würde nach der Einverleibung solcher Stoffe unter schweren Vergiftungserscheinungen zugrunde gehen. Er würde den durch die Zerstörung massenhafter Tuberkelbazillen frei werdenden Innengiften des Bazillenleibes (den Endotoxinen) erliegen. Ähnliche Schwierigkeiten stehen der erfolgreichen Anwendung fertiger Schutzstoffe bei der Tuberkulose entgegen.

Der Nutzerfolg immunbiologischer Behandlungsmethoden ist bei **schweren** tuberkulösen Erkrankungen begrenzt. Er kann schwere Zerstörungen der Organgewebe nicht ungeschehen machen. Er kann den mannigfachen Schädlichkeiten solcher Zerstörungen nur indirekt entgegenwirken. Er kann nur das ungünstige immunbiologische Kräfteverhältnis beeinflussen. Und auch das nur oft schwer und zu langsam. Denn oft ist es dann schon zu spät.

Die große Mühe, die bei der Tuberkulose darauf verwendet wird, **Krankheitserscheinungen** zu bekämpfen und zu lindern, ist berechtigt. Zunächst ist es ein Gebot der Menschlichkeit. Es kann auch der Krankheitsverlauf tatsächlich günstig beeinflußt werden. Denn bei richtigem Vorgehen werden die Kräfte des Kranken geschont und gehoben. Damit ist auch der Zusammenhang mit dem immunbiologischen Kräfteverhältnis gegeben. Es ist aber ein Irrtum, in den sinnfällig gegebenen Krankheitserscheinungen das Wesen der Krankheit zu erblicken. Und es ist fehlerhaft, von der Linderung besonders auffallender Krankheitserscheinungen eine Heilung zu erhoffen. Übereifer und starre Regeln schaden da nur oft dem Kranken.

Zusammenfassung: Die Eigenart tuberkulöser Erkrankungen, besonders ihre lange Dauer und weite Verbreitung, geben uns für den Versuch einer allgemeinen Tuberkulosebekämpfung folgende biologische Richtlinien: möglichst frühzeitige und möglichst dauernde Erhöhung der Abwehrtüchtigkeit des befallenen Körpers, besonders der spezifischen Durchseuchungsresistenz gegen die Tuberkelbazillen.

Die Durchführung dieser Richtlinien ist heute nur durch fleißige, sachgemäße Kleinarbeit möglich. Diese muß aber überall einsetzen. Starre Vorschriften sind verfehlt. Die gegebenen Verhältnisse sind im Einzelfall zu sehr wechselnd. Wir besitzen keine Vorbeugungsmittel und Heilmethoden, die in allen Fällen und unter allen Umständen mit Erfolg nach bestimmten Regeln anwendbar wären.

Die entwickelten immunbiologischen Richtlinien führen nicht ins Uferlose. Sie führen zu zielbewußter Arbeit mit der Hoffnung auf weiteren Ausbau zu höherer Vollkommenheit. Nur die starre Ablehnung dieser Richtlinien führt in die uferlose Hoffnungslosigkeit zu spät gewürdigter, schwer heilbarer und unheilbarer Tuberkulose.

Die Dispositions- und Konstitutionsforschung kann uns davor nicht bewahren. Ihre einseitige Betonung steigert nur diese Hoffnungslosigkeit. Sie legt uns auf Unabänderliches und Schweränderliches fest. Sie lenkt unsere Aufmerksamkeit vom vollinhaltlichen Wesen, vom immunbiologischen Kräfteverhältnis ab, das wir vielfach günstig beeinflussen können.

Vorbeugung und Heilung sind Pflichtinhalt der ärztlichen Arbeit. Die Forschung hat diesem Pflichtinhalt zu dienen. Ärztliche Forschung um ihrer selbst willen ist unmenschlich, solange die Menschheit leidet.

In der rechtzeitigen und dauernden Erhöhung der abgestimmten Abwehrleistung liegt die zielsichere Zukunft der Tuberkulosebekämpfung.

Schlußwort.

R. Schmidt bezeichnet die Konstitutionspathologie als ein Grenzgebiet zwischen Kunst und Wissenschaft. Man kann die Betätigung auf diesem Grenzgebiet nicht lehren und lernen wie handwerksmäßige Technik. Man kann nur wecken und fördern, wo die konstitutionellen Anlagen für diese Forschungsarbeit gegeben sind.

R. Schmidt hat unstreitig recht — aber nicht allein für die Konstitutionsforschung. Jede ärztliche Forschungsarbeit, die über handwerksmäßige Technik und unmittelbare Schlußfolgerungen hinausgeht, ist Grenzgebiet zwischen Kunst und Wissenschaft. Die Immunbiologie noch viel mehr als die Konstitutionsforschung, denn hier handelt es sich um die

Wechselwirkung zweier Lebewesen. Bei beiden sind disponierende und konstitutionelle Momente an sich gegeben.

Auch für die immunbiologische Forschung scheinen bestimmte biologische Fähigkeiten der menschlichen Auffassungsgabe Vorbedingung. Auch hier gibt es kein Lehren und Lernen nach starren Regeln. Für den Lehrer, der sie so zu lehren versucht, für den Schüler, der sie so lernen will, bleibt sie eine Theorie. Für den, der sie erfaßt hat, ist sie logische Notwendigkeit.

Die Erfassungsfähigkeiten sind sehr verschieden. Auf ihnen beruhen die bestimmten Begabungen. Dies ist nicht nur beim Menschen so. Die klugen Pferde von Elberfeld können dritte und vierte Wurzeln aus vielstelligen Zahlen erfassen. Die besten menschlichen Mathematiker können sie nur errechnen. Solche Tatsachen mögen bitter sein für menschlichen Gelehrtendünkel. Sie sind aber heilsam. Sie führen zum Nachdenken über die Fähigkeiten, die unsere Wissenschaft schaffen. Das kann uns wieder ein Stück vorwärts bringen.

Die heutige Durchschnittsforschung sucht in der Biologie nach unbedingten Einzelheiten, nach absoluten Konstanten. Und wenn sie solche gefunden zu haben meint, dann ordnet sie dieselben Nummer für Nummer in starre Regeln. Und die Schüler lernen diese Regeln. Durch fleißig geübte handwerksmäßige Technik werden sie zur unfehlbaren Arbeitsgrundlage. Beim Lernen läßt sich dies nicht vermeiden, aber wir müssen uns dessen bewußt bleiben. Denn es ist Selbstbetrug. In fünfzig Jahren ist alles wieder anders.

In der Biologie gibt es keine absoluten Konstanten. Wir können daher solche nicht lehren und lernen. Wir können nur wesentliche Zusammenhänge erfassen, und diese durch Übung verwerten lernen. Richtig erfaßte wesentliche Zusammenhänge bleiben immer unverändert. Nur ihre sprachlichen Verständigungsbegriffe sind Schwankungen unterworfen.

Das mögen jene erkennen, welche von der Immunbiologie immer wieder starre Regeln und „exakte" Beweise fordern.

Sie mögen darüber nachdenken, wo bei ihrer ärztlichen Forschungsarbeit diese exakten Beweise beginnen und enden. — In der handwerksmäßigen Technik. — Die Möglichkeit einer solchen beginnt aber erst nach der Erfassung wesentlicher Zusammenhänge. Sie endet, wo uns solche Zusammenhänge noch fehlen.

Die Immunbiologie sucht die Wechselwirkung zweier Lebewesen zu erfassen. Eine restlose Erklärung dieser Wechselwirkung wird sie wahrscheinlich nie geben können. Die Konstitutionspathologie sucht die Zusammenhänge zwischen Krankheitsentwicklung und ursprünglich gegebenen, unabänderlichen Eigentümlichkeiten des menschlichen Körpers zu erfassen. Eine restlose Erklärung dieser Zusammenhänge und des Wesens dieser ursprünglichen Unabänderlichkeiten wird auch die Konstitutionsforschung wahrscheinlich niemals geben können.

Für die Bekämpfung der Infektionskrankheiten ist die Erfassung der Wechselwirkung wichtiger. Sie ist vollinhaltlich und im Einzelfall beeinflußbar. Die Konstitutionsfrage ist nur teilinhaltlich und im Einzelfall unbeeinflußbar.

Verlag von Julius Springer in Berlin W 9

Das Tuberkuloseproblem. Von Dr. med. et phil. **Hermann v. Hayek,** Innsbruck. Zweite, unveränderte Auflage.
Erscheint im Sommer 1921

Tuberkulose. Ihre verschiedenen Erscheinungsformen und Stadien sowie ihre Bekämpfung. Von Dr. **G. Liebermeister,** leitender Arzt der Inneren Abteilung des städtischen Krankenhauses Düren. Mit 16 zum Teil farbigen Textabbildungen. 1921. Preis M. 96.—

Praktisches Lehrbuch der Tuberkulose. Von Professor Dr. **G. Deycke,** Hauptarzt der Inneren Abteilung und Direktor des Allgemeinen Krankenhauses in Lübeck. Mit 2 Textabbildungen. (Fachbücher für Ärzte. Bd. V.) 1920. Gebunden Preis M. 22.—

Die Chirurgie der Brustorgane. Von F. **Sauerbruch,** ordentlicher Professor der Chirurgie, Direktor der Chirurgischen Universitätsklinik in Zürich. Zugleich zweite Auflage der „Technik der Thoraxchirurgie".
1. Band: **Die Erkrankungen der Lunge.** Unter Mitarbeit von W. Felix, L. Spengler, L. v. Muralt (†), E. Stierlin (†), H. Chaoul. Mit 637, darunter zahlreichen farbigen Abbildungen. 1920. Gebunden Preis M. 240.—

Die Tuberkulose der Haut. Von Dr. med. F. **Lewandowsky,** Hamburg. Mit 115 zum Teil farbigen Textabbildungen und 12 farbigen Tafeln. (Aus „Enzyklopädie der klinischen Medizin". Spezieller Teil.) 1916. Preis M. 22.—

Die Entstehung der menschlichen Lungenphthise. Von Privatdozent Dr. **A. Bacmeister,** Assistent der Medizinischen Universitätsklinik zu Freiburg i. B. 1914.
Preis M. 2.40; gebunden M. 3.—

Beiträge zur Klinik der Tuberkulose und spezifischen Tuberkuloseforschung. Unter Mitwirkung hervorragender Fachgelehrter. Herausgegeben und redigiert von Professor Dr. **Ludolph Brauer.** Erscheinen in zwanglosen, einzeln berechneten Heften, deren drei einen etwa 30 Druckbogen umfassenden Band bilden.

Die konstitutionelle Disposition zu inneren Krankheiten. Von Privatdozent Dr. **Julius Bauer,** Wien. Zweite, vermehrte und verbesserte Auflage. Mit 63 Textabbildungen. 1921.
Preis M. 88.—; gebunden M. 104.—

Hierzu Teuerungszuschläge

Verlag von Julius Springer in Berlin W 9

Konstitution und Vererbung in ihren Beziehungen zur Pathologie. Von Professor Dr. **Friedrich Martius**, Geheimer Medizinalrat, Direktor der Medizinischen Klinik an der Universität Rostock. (Aus „Enzyklopädie der klinischen Medizin". Allgemeiner Teil. Herausgegeben von L. **Langstein**, Berlin, C. v. **Noorden**, Frankfurt a. M., C. **Pirquet,** Wien, A. **Schittenhelm**, Kiel.) Mit 13 Textabbildungen. 1914. Preis M. 12.—; gebunden M. 14.50

Lehrbuch der Differentialdiagnose innerer Krankheiten. Von Geh. Med.-Rat Professor Dr. M. **Matthes**, Direktor der Medizinischen Universitätsklinik in Königsberg i. Pr. Zweite, durchgesehene und vermehrte Auflage. Mit 106 Textabbildungen. 1921.
Preis M. 68.—; gebunden M. 76.—

Infektionskrankheiten. Von Professor **Georg Jürgens**, Berlin. Mit 112 Kurven. (Fachbücher für Ärzte, Bd. VI.) 1920.
Gebunden Preis M. 26.—

Erkältungskrankheiten und Kälteschäden, ihre Verhütung und Heilung. Von Professor Dr. **Georg Sticker** in Münster i. W. Mit 10 Textabbildungen. 1915. (Aus „Enzyklopädie der klinischen Medizin". Spezieller Teil.) Preis M. 12.—

Atmungs-Pathologie und -Therapie. Von Dr. **Ludwig Hofbauer.** Erste Medizinische Universitätsklinik in Wien. (Vorstand: Professor K. F. Wenkebach.) Mit 144 Textabbildungen. 1921.
Preis M. 64.—; gebunden M. 74.—

Grundriß der Hygiene. Für Studierende, Ärzte, Medizinal- und Verwaltungsbeamte und in der sozialen Fürsorge Tätige. Von Professor Dr. med. **Oscar Spitta**, Geheimer Regierungsrat, Privatdozent der Hygiene an der Universität Berlin. Mit 197 zum Teil mehrfarbigen Textabbildungen. 1920. Preis M. 36.—; gebunden M. 42.80

Sozialärztliches Praktikum. Ein Leitfaden für Verwaltungsmediziner, Kreiskommunalärzte, Schulärzte, Säuglingsärzte, Armen- und Kassenärzte. Unter Mitarbeit hervorragender Fachleute von Professor Dr. med. **A. Gottstein**, Ministerialdirektor der Medizinalabteilung im preuß. Ministerium für Volkswohlfahrt und Dr. med. **G. Tugendreich**, Abteilungsvorsteher im Medizinalamt der Stadt Berlin. Zweite, vermehrte und verbesserte Auflage. Mit 6 Textabbildungen. 1921.
Preis M. 48.—; gebunden M. 54.—

Hierzu Teuerungszuschläge

MIX
Papier aus verantwortungsvollen Quellen
Paper from responsible sources
FSC® C105338

If you have any concerns about our products,
you can contact us on
ProductSafety@springernature.com

In case Publisher is established outside the EU,
the EU authorized representative is:
**Springer Nature Customer Service Center GmbH
Europaplatz 3, 69115 Heidelberg, Germany**

Printed by Libri Plureos GmbH
in Hamburg, Germany